Rita Kampmann und Jakob Faßnacht

ERSTE HILFE AM HUND

Leben retten durch einfache Maßnahmen

Freude am Hund

1. Ausgabe
Deutsche Erstausgabe

Umschlaggestaltung und Fotos: Franziska Kuhn
Zeichnungen und Graphiken: Nina Kramer
Druck und Bindung: Flyeralarm GmbH, Würzburg

ISBN: 978-3-00-069032-7

www.freude-am-hund.info

Für Moma

INHALTSVERZEICHNIS

GRUNDLAGEN

NOTFALLSITUATIONEN

ZUSATZ

ILFE-TASC
SE & UNTER
ERSTE-HILFE-TASCHE
FÜR ZUHAUSE & UNTERWEGS

GRUNDLAGEN

WAS IST „ERSTE HILFE"?

Erste Hilfe ist eine lebensrettende Sofortmaßnahme. Sie kann bei Unfällen ausreichend sein, Leben retten oder die Zeit vom Unfall bis zum Eintreffen von professioneller Hilfe überbrücken. Somit ist Erste Hilfe eine vorläufige, meist stabilisierende Hilfeleistung.

Erste Hilfe konzentriert sich auf lebensrettende Maßnahmen, die von anwesenden Personen durchgeführt werden können. Sie hat nichts mit langfristigem Heilen von Krankheiten oder dem Stellen einer tiefergehenden Diagnose zu tun und ersetzt auch nicht den Tierarzt. Die ersten Minuten nach einem Unfall sind für die Genesung des Tieres besonders relevant. Das sind die Minuten, in denen man noch nicht in der Klinik ist oder noch keine Rettung vor Ort ist. Bei manchen Unfällen zählt jede Sekunde, um eventuell das Leben des Tieres retten zu können. Auch unerfahrene Personen können mit einfachen Erste-Hilfe-Maßnahmen schon viel erreichen:

- Die Situation einschätzen und stabilisieren
- Die Folgen von Verletzungen abmildern
- Für das Überleben des Hundes sorgen

Wir empfehlen, den Hund nach einer Erstversorgung zur Sicherheit immer bei einem Tierarzt vorzustellen, denn eine professionelle Versorgung sowie das Stellen einer ordentlichen Diagnose kann eventuelle Folgeschäden verhindern.

Da du deinen Hund am besten kennst, kannst du auffälliges sowie untypisches Verhalten wahrscheinlich am schnellsten selber erkennen und in Kombination mit diesem Buch in schwierigen Situationen souverän und sicher handeln.

„Damit du noch viel Freude am Hund hast!"

GRUNDSÄTZE & VORKEHRUNGEN

Die wichtigsten Grundsätze bei Erste-Hilfe-Maßnahmen sind, Ruhe zu bewahren und auf die eigene Sicherheit zu achten.

Ein Mensch, der in Panik oder Aufregung verfällt, überträgt diese Stimmung auf den Hund. Das kann zusätzlichen Stress bedeuten. Stell dir vor, du bist vom Fahrrad gefallen, der Ersthelfer schaut dein Bein an und schreit erschrocken: „Oh Gott, so etwas hab ich ja noch nie gesehen!“ Ist es nicht hilfreicher, jemanden bei sich zu haben, der Gelassenheit ausstrahlt, die Situation im Griff hat und mit ruhiger Stimme spricht? Auf dieser Grundlage ist nicht nur die Gesamtsituation entspannter, sondern auch ein überlegtes Handeln möglich.

Achte stets auf deine eigene Sicherheit. Besonders im Umgang mit Tieren können schnell ungewollte Bissverletzungen davongetragen werden, da ein plötzlicher Schmerz zu einem verteidigenden Reflex des Hundes führen kann.

Wir empfehlen dir, dieses Buch nicht nur in Notfallsituationen zur Hand zu nehmen, denn wenn eine Erste-Hilfe-Situation eintritt, ist ein routiniertes Handeln wichtig.

Folgende Handgriffe solltest du regelmäßig üben, da sie in deinen Alltag gehören und du deinem Hund sowie dem Tierarzt eine Menge Stress ersparst: Zum Beispiel das Fiebermessen, Herz-Kreislauf-Parameter über die Schleimhäute zu prüfen oder einen (Pfoten-)Verband anzulegen. Erlerne auch, über Ruhe und liebevolles Handeln deinen Hund überall anfassen zu können. Ihm in die Ohren, zwischen die Zehen, ins Maul zu schauen, oder ihm z. B. Augentropfen zu geben oder die Lefzen hochzuziehen. Ihn zu fixieren und zu tragen. Baue bei den Übungen immer wieder Pausen ein und lobe ihn stimmlich und, wenn er mag, mit Leckerlis.

„Schlimmer wird es nur, wenn man gar nichts macht!"

Es ist wichtig, dass er sich nicht ängstlich, sondern geschützt fühlt. Das setzt auch voraus, dass du niemand Fremdes zu deinem Hund lässt, während er (schutzlos) auf deinem Arm oder in deiner „Behandlung" ist. Es sei denn, es ist nicht anders möglich oder es handelt sich um den Tierarzt.

Eine kleine Anekdote aus meinem Erste-Hilfe-Alltag mit Hund:

Einer meiner Hunde – der kleine Terrier-Mix Lotte – lässt sich nicht gerne anfassen oder streicheln, aber sie liebt verbales Lob und Leckerlis. Immer wenn etwas an ihrem Körper gemacht werden muss (Zeckenentfernung, Baden, Augentropfen, Wundversorgung etc.), gibt es deswegen unmittelbar nach der Behandlung eine stimmliche Feier und eine besonders tolle Belohnung. Unser Satz ist, in einem hohen Partyton: „Yeah, geschafft, jetzt gibt's was für mutige Hunde", und alle Hunde – da die Zuschauer ja auch mutige Hunde sind – rennen glücklich mit zur Leckerli-Schublade. Wenn ich jetzt z. B. die Zeckenzange raushole, kommt Lotte zu mir, positioniert sich und hält still. Sie lässt fast alles mit sich machen, da sie weiß, es lohnt sich, ein mutiger Hund zu sein.

Im Ernstfall ist es von Vorteil, alle nötigen Notfallnummern sofort zur Hand zu haben:

- Telefonnummer der Tierrettung
- Telefonnummern des Tierarztes und der Tierklinik
- Tierarzt und Tierklinik am jeweiligen Urlaubsort

Wenn du mit dem/der Tierarzt/-klinik telefonierst, beschreibe schon am Telefon die Symptomatik, damit die jeweilige Person dich unter Umständen an den richtigen Arzt weiterverweisen kann. So vermeidest du unnötige Fahrerei und verschwendest keine evtl. lebensrettende Zeit. Für die wichtigen Telefonnummern gibt es am Ende dieses Buches eine Notizseite und ein praktisches Notfallkärtchen für den Geldbeutel (s. Seite 68).

Im Gegensatz zum Menschen kommt bei den Notrufnummern für Tiere die professionelle Hilfe nicht in wenigen Minuten. Meistens musst du selbst schauen, wie du deinen Hund in die nächste Klinik oder zum nächsten Tierarzt bringst. Die Erste-Hilfe-Maßnahmen beim Hund müssen dementsprechend über einen deutlich längeren Zeitraum durchgehalten werden.

ERSTE-HILFE-SET

Ein gut sortiertes Erste-Hilfe-Set, das immer griffbereit ist, kann im Ernstfall wertvolle Minuten retten.

Allgemeine Empfehlung für den Inhalt:

- **Desinfektionsmittel** (Octenisept | brennt nicht)
- **Augentropfen** (künstliche Tränenflüssigkeit)
- **Fieberthermometer** (digital – am besten mit weicher, elastischer Spitze)
- **Coolpack** (mit „Aktivierungsfunktion“ für unterwegs)
- **Verbandsmaterial**: sterile Kompressen und Tupfer, Watte und Mullbinden, selbsthaftende, elastische Fixierbinde, Bandage, Klebeband, Pflasterverband
- **Decke** (Goldfolie) | silberne Seite zum Körper für Wärmereflektion – goldene Seite zum Körper für Schutz vor Hitze von außen)
- **Schere** (mit abgerundeter Spitze / Verbandschere)
- **Pinzette**
- **Zeckenzange**
- **Taschentücher**
- **Kohletabletten** (s. Anmerkung Kapitel Vergiftung)

Wie viel Verbandsmaterial du benötigst, hängt immer von der Größe deines Hundes ab. Aber wenn du zuhause die verschiedenen Techniken geübt hast, solltest du ein gutes Gefühl für die Menge entwickeln.

Falls dein Hund Allergien oder andere Krankheiten hat, sind die jeweiligen (Notfall-)Medikamente ebenfalls jederzeit mitzuführen. Zur Sicherheit sollte hierfür auch immer eine Medikamentenrücklage gebildet sowie regelmäßig das Ablaufdatum geprüft werden.

VITALPARAMETER

Unter den Vitalparametern versteht man die wichtigsten Angaben der Körperfunktionen des Hundes.

Zum Beispiel seine Atemfrequenz, Körpertemperatur, Herzfrequenz und den Blutdruck. Diese grundlegenden Größen geben dir einen guten Überblick über physische oder psychische Veränderungen.

- **Bewusstsein:** aufmerksam, reagiert auf Ansprache
- **Temperatur:** 37,7 °C – 39 °C | Welpen bis 39,5 °C
- **Atemfrequenz:** 10–40/min (in Ruhe)
- **Herzfrequenz:** 60–120/min | Welpen 90–210/min | = Puls
- **Schleimhaut:** (blass)rosa
- **KFZ:** <2 sec | KFZ = Kapillare Füllungszeit

Die unterschiedliche Spannbreite mancher Vitalparameter liegt an der großen Zahl an verschiedenen Hunderassen und Hundegrößen. Ein kleiner Hund hat zum Beispiel eine viel höhere Atem- und Herzfrequenz als ein großer Hund. Schleimhautfarbe, die KFZ und die Temperatur sind bei den meisten Hunden ähnlich. In den folgenden Kapiteln wird ausführlich erklärt, wie du den jeweiligen Vitalparameter messen kannst.

Du solltest die Vitalparameter, die sehr breit gefächerte Werte haben, eigenhändig für deinen Hund bestimmen. Messe die Werte über einen Zeitraum von ca. zwei Wochen und bilde daraus einen Mittelwert. Damit hast du eine gute Annäherung an die tatsächlichen Vitalparameter. Messe die Parameter immer im Ruhezustand deines Hundes – also nicht nach einem anstrengenden Spiel oder viel Aufregung. Es kann auch durchaus sinnvoll sein, diese noch einmal von einem Tierarzt überprüfen zu lassen.

„Die Vitalparameter seines eigenen Hundes zu kennen, gibt Sicherheit und Vertrauen."

Am Ende dieses Buches findest du einen Vordruck für eine Notfallkarte, auf der du u.a. auch die verschiedenen individuellen Werte deines Hundes notieren kannst, um diese bei einem Notfall immer griffbereit zu haben. Eine solche Information kann auch sehr hilfreich für einen Tierarzt oder die Tierklinik sein (s. Seite 68).

KÖRPERTEMPERATUR

Die Körpertemperatur deines Hundes misst du am einfachsten rektal mit einem Fieberthermometer mit weicher Spitze. Benutze hierbei ein wenig Gel oder Vaseline, um deinen Hund nicht zu verletzen.

Halte das Thermometer zusammen mit der Rute fest oder fixiere die Rute mit der anderen Hand. So können bei plötzlich abwehrenden Bewegungen deines Hundes Verletzungen vermieden werden. Bei Hunden mit kurzen oder kupierten Ruten kannst du mit der Hand auch den unteren Rücken festhalten.

Es kann durchaus sinnvoll sein, die Messung zu zweit zu machen. Eine Person fixiert und beruhigt den Hund und die andere kann die Messung vornehmen.

Die Normaltemperatur liegt bei erwachsenen Hunden im Bereich von 37,8 – 39,3 °C - bei Welpen bis 39,5 °C.

Bei einer Temperatur bis 40 °C spricht man von einer erhöhten Temperatur, ab 40 °C von Fieber. Bei 42 °C besteht akute Lebensgefahr und der Hund sollte schnellstmöglich in die nächste Tierklinik gebracht werden.

Anzeichen für eine erhöhte Körpertemperatur bei Hunden können u.a. Schlappheit, Appetitlosigkeit, heiße Ohren, warme, trockene Nase, Hecheln oder auch ein schneller Puls sein.

Eine erhöhte Temperatur kann, wie beim Menschen auch, verschiedene Ursachen haben und sollte genauestens beobachtet werden.

ACHTUNG: Bei weiblichen Tieren den Anus nicht mit der Vulva verwechseln!

Das Thermometer sollte vorsichtig und mit fixierter Rute eingeführt werden.

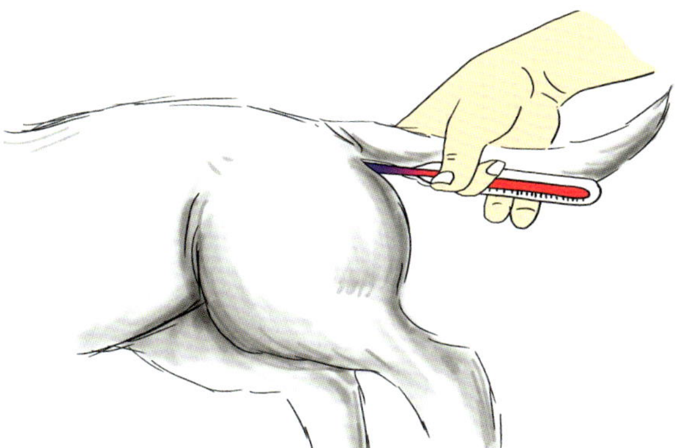

Das Gleiche kann auch im Liegen gemacht werden.

ATEMFREQUENZ

Die Atemfrequenz kannst du durch das Zählen der Ein- und Ausatmung deines Hundes errechnen. Dabei ist ein Heben und Senken des Brustkorbs gleich ein Atemzug. Am besten zählst du die Anzahl der Atemzüge pro 15 Sekunden und multiplizierst sie mit 4.

15 Sekunden zählen x 4 = Atemfrequenz/Minute

Der Hund sollte sich auch hierbei im Ruhemodus befinden. Die normale Atemfrequenz liegt zwischen 10 und 41 Atemzügen pro Minute. Die Anzahl der Atemzüge variiert bezüglich Größe und Trainingszustand. Je größer und fitter der Hund ist, desto niedriger ist die Atemfrequenz.

Aus diesem Grund ist es sehr sinnvoll, die Atemfrequenz deines Hundes zu kennen.

TIPP: Falls du das Heben und Senken des Brustkorbs aufgrund des langen Fells oder anderer Umstände schlecht erkennen kannst, kannst du auch deine Hand auf seinen Brustkorb legen oder direkt vor seine Nase halten. Dabei ist jeder Atemzug nach dem Ausatmen zu Ende – also sobald du keinen Luftstoß mehr an der Hand spürst.

HERZFREQUENZ

Um die Herzfrequenz, auch Puls genannt, deines Hundes zu prüfen, fasse mit der Hand oder den Fingern an die Innenseite seines Oberschenkels. Mit leichtem Druck auf die dort verlaufende Arterie fühlt man den Puls. Zähle dabei, wie bei der Atmfrequenz 15 Sekunden lang jedes Pochen.

15 Sekunden zählen x 4 = Puls/Minute

Der Puls sollte bei 60 bis 140 Schlägen pro Minute liegen – bei Welpen sogar bis 200. Du kannst den Puls im Liegen oder im Stehen messen – das macht keinen Unterschied.

Bei manchen Rassen kann man den Herzschlag auch deutlich sehen und auf Sicht zählen.

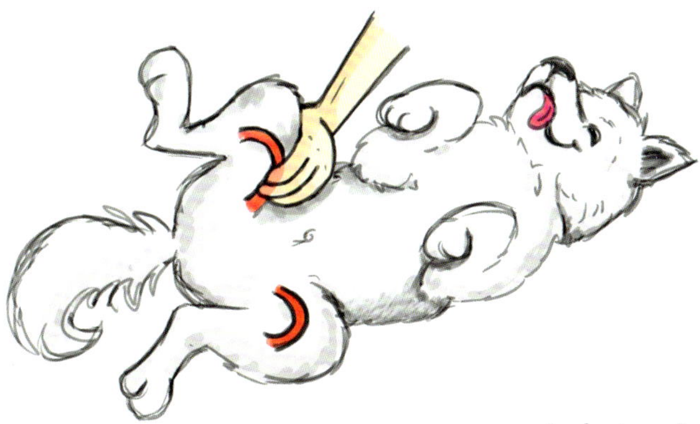

Am besten mit zwei oder drei Fingern den Puls fühlen.

BEURTEILUNG DER SCHLEIMHAUT

Die Schleimhäute deines Hundes können Informationen über seinen Kreislauf geben. Eine blassrosa Färbung ist dabei der Normalzustand. An folgenden Körperstellen können die Schleimhäute relativ einfach beurteilt werden:

- Maul | an der Innenseite der Lefze oder dem Zahnfleisch
- Auge | an den Augenlidern
- After
- Vulva
- Penis

Am einfachsten lässt sich der Kreislauf an diesen Punkten durch die Kapillare Füllungszeit (KFZ) beurteilen.

Drücke dazu kurz mit dem Daumen auf eine helle bzw. unpigmentierte Stelle der Schleimhaut und zähle die Sekunden, bis diese wieder ihre blassrosa Färbung angenommen hat. Das heißt, bis das Blut wieder zurück in die Kapillare gelaufen ist.

Wenn die normale rosa Farbe in unter 2 Sekunden erreicht wird, ist alles in Ordnung.

KFZ (Kapillare Füllungszeit) < 2 Sekunden

Bei manchen Hunden ist es am einfachsten, die KFZ an einer hellen Stelle direkt am Zahnfleisch zu überprüfen.

Sollte das Zahnfleisch bei deinem Hund stark pigmentiert sein, kannst du auch die Schleimhaut am Augenlid, dem After, dem Penis oder der Vulva beurteilen.

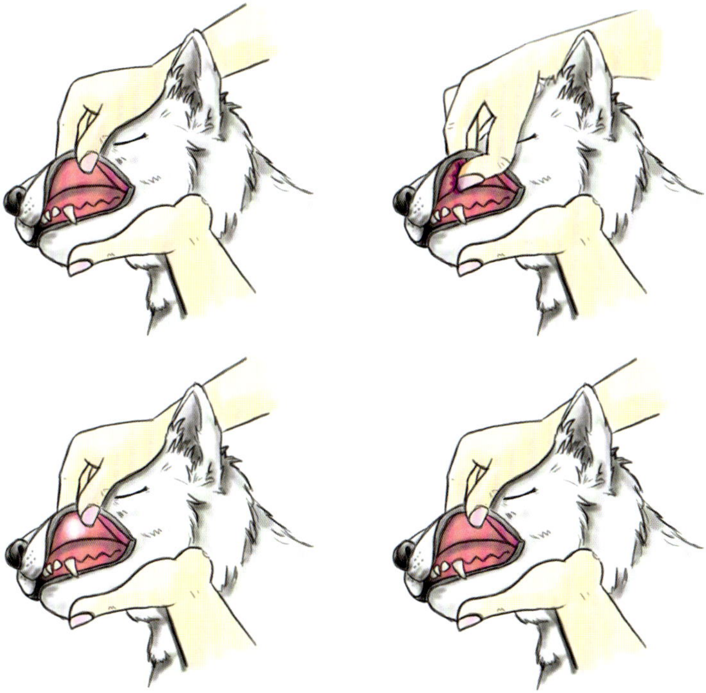

Beispiel Maul:

1. Lefze nach oben ziehen

2. Auf die Schleimhaut drücken

3. Anfangen zu zählen

4. Stopp

Auch die Färbung der Schleimhäute kann dir einige Indizien geben:

Blasse Schleimhäute können auf Blutarmut, akuten Stress, Kreislaufschock, -störung oder niedrigen Blutdruck hinweisen.

Rote Schleimhäute können auf eine Entzündung, Sepsis oder einen Hitzschlag/Sonnenstich hinweisen.

Blaue Schleimhäute können auf Atemnot, Sauerstoffmangel, Unterkühlung oder Herzerkrankungen hinweisen.

Graue Schleimhäute können auf eine Vergiftung hinweisen.

Gelbe Schleimhäute können bei Problemen mit der Leber auftreten.

TAPS-VORGEHEN

Die Buchstaben TAPS sind eine Eselsbrücke, die dich im Notfall an alle wichtigen zu überprüfenden Werte erinnert:

T emperatur
A temfrequenz
P uls
S chleimhäute

Es ist wichtig, dass du in einer Notfallsituation als erstes immer diese Werte überprüfst, denn selbst wenn dein Hund eine Beinverletzung hat, kann ein Kreislaufproblem entstehen. Damit dieses Buch im Notfall übersichtlich bleibt, wird das Anwenden der TAPS nicht bei jeder Situation nochmal extra erwähnt. Bitte denke daran.

Dasselbe gilt auch beim Aussetzen von Puls oder Atmung. Hier müssen immer sofort die jeweiligen Wiederbelebungsmaßnahmen eingeleitet werden (s. Seite 35), auch wenn das nicht extra bei dem vorliegenden Notfall in den Punkten der Behandlung wieder erwähnt wird.

Gleiches gilt für:

- Die Stabile Seitenlage (s. Seite 22)
- Das Sichern deines Hund z. B. über eine Leine
- Deinen eigenen Schutz (s. Seite 24)

Wenn du diese Punkte immer wieder regelmäßig durchgehst, kannst du in einer Notfallsituation souverän und sicher handeln.

WICHTIG: Ebenso ist es unabdingbar, bei jedem Notfall Ruhe zu bewahren. Du bist ein Stimmungsüberträger für deinen Hund. Hektik, Panik oder andere starke Stresssignale können die Situation verschlimmern. Falls du das Gefühl hast, dass du in der Situation keine Ruhe bewahren kannst, lass dir, falls möglich, von anderen Menschen helfen.

STABILE SEITENLAGE

Wie für den Menschen gibt es auch für den Hund eine stabile Seitenlage. Ist dein Hund bewusstlos oder schwer verletzt, ist es wichtig, ihn in eine sichere Position zu bringen, um weitere Verletzungen zu vermeiden und seine Atemwege freizuhalten.

Vorgehen:

1. Lege deinen Hund mit der unverletzten Seite auf eine Unterlage (z. B. Jacke, Decke, Goldfolie). | Dies kann u. a. bei einem eventuellen späteren Transport hilfreich sein.
2. Sollten Wiederbelebungsmaßnahmen eingeleitet werden müssen, ist es von Vorteil, ihn (wenn möglich) auf die rechte Seite – aus Hundesicht – zu legen.
3. Strecke den Körper des Hundes ein wenig und bringe den Kopf und die Wirbelsäule in eine gerade Linie.
4. Ziehe die Beine auseinander, sodass die Vorderpfoten nicht die Hinterpfoten berühren.

WICHTIG: Wenn dein Hund bewusstlos ist oder sich in einem Schockzustand befindet, sollte das Maul der tiefste Punkt vom Hund sein, damit eventuell Erbrochenes oder Blut herauslaufen kann. Du kannst ihn in diese Position bringen, indem du z. B. Kissen, Decken oder Jacken unter seinen Körper legst. Überstrecke nun seinen Kopf, öffne das Maul und ziehe seine Zunge (so weit es möglich ist) aus dem Maul, um seine Atemwege frei zu machen.

TIPP: Falls dein Hund noch stehen sollte, kannst du ihn vorsichtig ablegen, indem du seitlich über seinen Rücken greifst und unter ihm das Vorder- und Hinterbein fasst – welches auf deiner Seite vom Hund ist. Dann kannst du die Beine vorsichtig anheben und langsam von dir weg ziehen. So gleitet der Hund über deinen Schoß kontrolliert an dir herab.

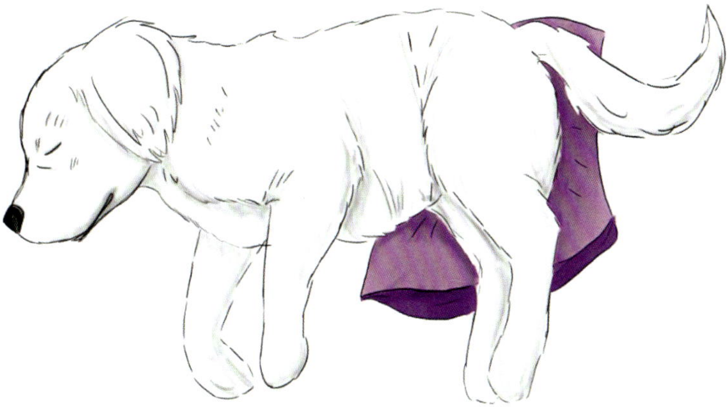

*Stabile Seitenlage
beim Hund – erhöht.*

SELBSTSCHUTZ

Egal um welchen Notfall es sich handelt, als erstes ist es immer wichtig, dass du Ruhe bewahrst und, wie bereits erwähnt, auf deine eigene Sicherheit achtest. Denn wenn auch du verletzt wirst, fehlt die wichtigste Person. Auch wenn du deinen Hund gut und lange kennst, ist es möglich, dass er sich aufgrund von Schmerz oder Schock anders verhält, als du es erwartest.

Nimm diese Angriffe bitte nicht persönlich und hab keine Angst, dass dein Hund künftig aggressiv sein könnte. Er befindet sich, genau wie du, in einem Ausnahmezustand. Hab Verständnis dafür und sichere deinen Hund durch die Leine, damit er nicht weglaufen kann, sowie möglicherweise durch einen Maulkorb. In den meisten Situationen hat man keinen Maulkorb griffbereit, deshalb zeigen wir dir, wie man provisorisch und schnell eine Maulschlinge basteln kann. Bitte benutze eine Maulschlinge nicht im Alltag, sondern nur in Notfallsituationen.

Du benötigst hierfür z. B.:

- Eine Mullbinde oder einen Verband
- Die Leine
- Eine Krawatte oder einen Schal

ANWENDUNG:

1. Bilde eine Schlinge aus dem vorhandenen Material, stülpe diese über das Maul deines Hundes und ziehe sie gut zu.
2. Stelle sicher, dass die Schlinge auf dem knöchernen Teil der Nase – nahe der Augen – liegt. Hab keine Angst, dein Hund kann weiter durch die Nase atmen.
3. Kreuze nun die Enden der Schlinge unter dem Fang deines Hundes und binde beide Enden hinten am Nacken mit einem Knoten zusammen.
4. Bitte keinen Doppelknoten, da die Schlinge unter Umständen wieder schnell geöffnet werden muss.
5. Nun kann dein Hund sicher transportiert oder am Boden fixiert werden.

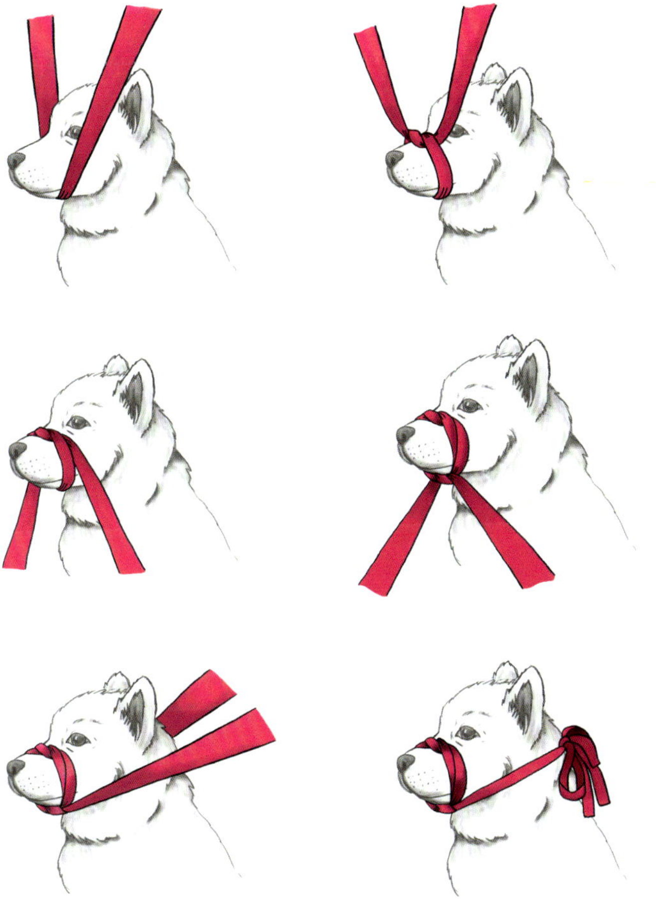

ACHTUNG: Die Maulschlinge bitte auf keinen Fall bei Erbrechen, Maul- oder Kopfverletzungen, Atemnot, Blut oder Ausfluss aus der Nase oder Brustkorbverletzungen anwenden!

Bei kurzschnäutzigen Rassen ist eine Maulschlinge leider nicht möglich. Schütze deine Hände indem du sie mit einer Jacke oder einem Tuch umwickelst, und versuche den Kopf deines Hundes zu fixieren.

FIXIERUNG DES HUNDES

Ein sicheres Festhalten ist in manchen Notfallsituationen sehr wichtig. Besonders bei einer schnellen, schmerzhaften Behandlung, oder wenn die Hilfe einer fremden Person benötigt wird.

Bringe deinen Hund als erstes in die stabile Seitenlage (s. Seite 22), knie dich seitlich hinter ihn, greife über seinen Körper das Vorder- und Hinterbein, das am Boden liegt, und halte diese beiden – mindestens über dem Sprunggelenk – mit deinen Händen fest.

Mit deinem Gewicht und deinen Unterarmen kannst du nun zusätzlich die oberen Gliedmaßen fixieren.

Mit deinem Ellenbogen, der in Richtung Hundekopf zeigt, kannst du diesen auch noch vorsichtig gut an Ort und Stelle halten.

Jetzt ist dein Hund auf der Fläche fixiert und du kannst ihn behandeln, Wunden verbinden oder ihn sicher begutachten.

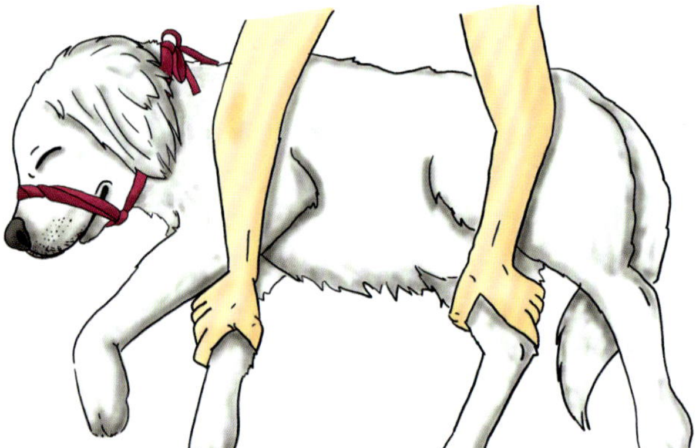

TRANSPORT DES HUNDES

Falls dein Hund sehr schwer ist, noch selbst laufen kann und keine größeren, stark blutenden Verletzungen sichtbar sind, lass ihn selbstständig laufen.

Beim Tragen musst du darauf achten, den ganzen Hund sicher zu umfassen. Stelle dich seitlich zum Hund und umfasse seine Beine, so dass sein Gewicht auf dem Brustkorb und dem Hinterteil in deinen Armen liegt. Es kann sehr hilfreich sein, die Arme im Griff zu verschränken, so kannst du den Hund einfacher über längere Strecken tragen.

Hast du einen kleineren Hund, ergibt es durchaus Sinn, einen Arm von vorne unter seinen Bauch zu schieben und ihn von außen an deinem Körper zu fixieren (s. Abbildung S. 28).

Hast du einen sehr schweren Hund, ist es möglich, ihn mit einer Decke zu transportieren – sollte keine Hilfe zur Stelle sein, kannst du die Decke, auf der dein Hund liegt, auch ziehen. Selbstverständlich kann dein Hund auch in seinem Körbchen transportiert werden.

Im Auto kann der Hund auf einer Decke gelagert werden, was den Transport nach dem Aussteigen erleichtert. Wenn du einen oder mehrere Helfer hast, sollte eine Person beim Hund sitzen und ihm beruhigend zureden, damit er nicht in Panik gerät und keine plötzlichen Bewegungen macht oder an die Wunde geht, was die Verletzung gegebenenfalls verschlimmert.

Der richtige Transport ist immer vom Hund und seinen Verletzungen abhängig. Deshalb ist es wichtig zu improvisieren. Aber mit den genannten Wegweisern sollte das kein Problem für dich sein.

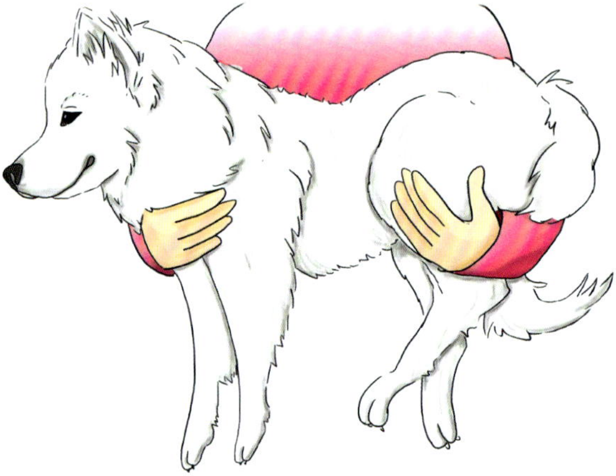

So können Hunde sicher getragen und transportiert werden.

Bei kleineren Hunden am besten einen Arm unter den Bauch schieben.

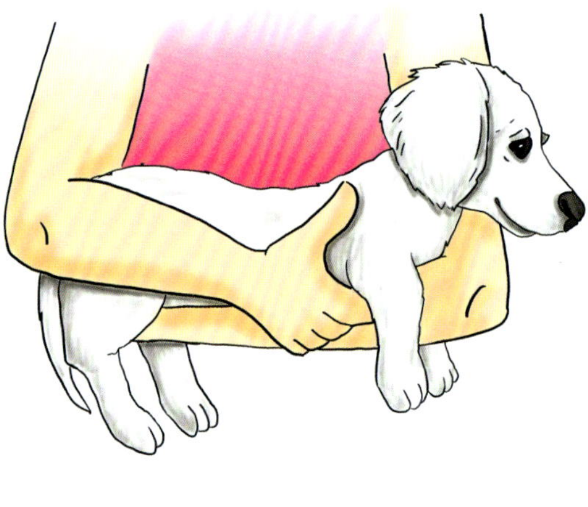

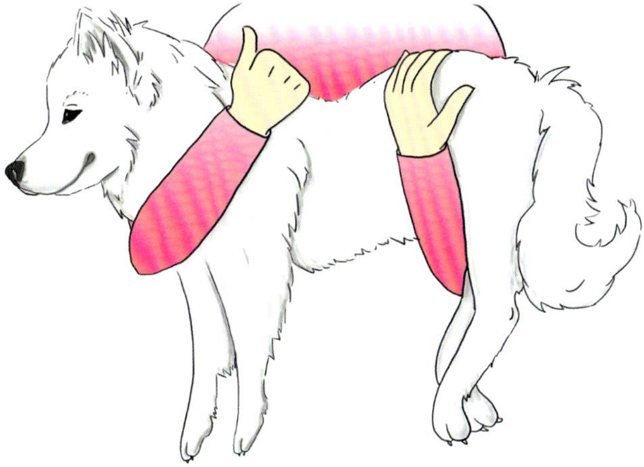

Bei einer Beckenverletzung sollte das Gewicht beim Tragen vorne liegen.

WICHTIG: Beim Tragen immer die verletzte Seite vom Körper weg und verletzte Gliedmaßen frei hängen lassen. Bei trächtigen Hündinnen oder Bauchverletzungen auf keinen Fall Druck auf den Bauch ausüben, sondern immer den ganzen Körper umfassen.

NOTFALL SITUATIONEN

SITUATION EINSCHÄTZEN

Solltest du dich in einer akuten Notfallsituation befinden, ist es wichtig, folgende Punkte abzuchecken:

1. Ist dein Hund noch bei Bewusstsein, ohnmächtig oder eventuell in einem Schockzustand? Ob dein Hund noch bei Bewusstein ist, kannst du mit folgenden Aktionen überprüfen:
    - Ansprechen
    - Anstupsen
    - Vorsichtiges Rütteln

2. Blutet dein Hund oder sind offene Brüche sichtbar? (s. Wundversorgung, Seite 41)

3. Wie sind die Vitalparameter deines Hundes? (s. TAPS-Vorgehen, Seite 21)

4. Zeigt dein Hund plötzlich erhöhte Stress- oder Schmerzsymptome? Folgende Symptome können auf eine Vielzahl verschiedener Krankheitssituationen/Notfallsituationen hindeuten:

Mögliche Symptome:

- Starkes Hecheln
- Unruhiges oder ungewohntes Verhalten
- Aufgekrümmter Rücken
- Hektisches Hin-und-Her-Laufen
- Hund kühlt seinen Bauch
- Würgen
- Übermäßiges Speicheln
- Sichtbares Unwohlsein oder Winseln
- Übertriebenes Lecken oder Kauen an Körperstellen

Die gängigsten Notfallsituationen werden dir auf den nachfolgenden Seiten vorgestellt.

SCHOCK

Unter einem Schock versteht man eine lebensbedrohliche Veränderung des Herz-Kreislaufsystems. Dabei versucht der Körper mit allen Mitteln, einem Blutdruckabfall entgegenzuwirken und das Herz und Gehirn weiter zu durchbluten. Da sich meist zu wenig Flüssigkeit im Blutkreislauf befindet, verengt der Körper die Gefäße und es kommt zu einer Sauerstoffunterversorgung der anderen Organe. Durch weitere Körperreaktionen kann es schnell zu einem Multiorganversagen kommen.

WICHTIG: Ein Schockzustand ist nicht einfach zu erkennen und hat viele Facetten. Besonders, wenn dein Hund keine äußerlichen Symptome zeigt, wird der Schockzustand selten erkannt bzw. oft unterschätzt.

Mögliche Ursachen:

- Starker Blutverlust (auch innere Blutung)
- Starke Austrocknung
- Herzversagen
- Allergische Reaktion (z. B. Insektenstiche)
- Starke Schmerzen

Mögliche Symptome:

- Atmung ist beschleunigt
- Puls ist beschleunigt (wird dann aber schwächer)
- KFZ > 2 Sekunden
- Blasse Schleimhäute
- Zunge ist bläulich
- Hund ist schwach (taumelnder Gang, apathisch, bricht zusammen)
- Temperatur liegt unter dem Normalwert
- Kalte Pfoten/Ohren – der Hund zittert
- Kann übergehen in Seitenlage bis hin zur Bewusstlosigkeit

Behandlung:

1. Bringe deinen Hund in die Schocklage – erhöhte stabile Seitenlage (s. Seite 22).
2. Kopf strecken – gerade zur Wirbelsäule.
3. Mach die Atemwege frei, indem du seine Zunge herausziehst.
4. Ggf. Blutung stillen (s. Seite 41).
5. Lagere das Hinterteil höher als den Kopf (Jacke, Rucksack, Kissen etc.).
6. Bei Unterkühlung musst du den Hund unbedingt wärmen (Decke, Goldfolie).

ACHTUNG: Wenn dein Hund keine Reaktion zeigt – keinen Herzschlag hat, nicht atmet etc. – solltest du Wiederbelebungsmaßnahmen einleiten (s. Seite 35).

Verschiedene Schock-Arten:

Anaphylaktischer/allergischer Schock: z. B. durch einen Insektenstich (s. Seite 61)

Septischer Schock: z. B. durch Entzündung oder Wundinfektion

Hypovolämischer Schock: Volumenmangel, z. B. durch Blutung

Dehydration: z. B. durch Hitzschlag (s. Seite 54) oder Verbrennung (s. Seite 56)

Neurogener Schock: z. B. durch starke Schmerzen oder Schädel-Hirn-Trauma nach einem Autounfall

Kardiogener Schock: z. B. durch extreme Überanstrengung oder akute/chronische Herzerkrankung

HERZ-KREISLAUF-PROBLEME

Herz- und Kreislaufprobleme können z. B. durch Gifte, falsche Ernährung, Hitze, Überanstrengung, bakterielle Infektionen oder Viruserkrankungen entstehen. Unter anderem können Herzerkrankungen auch genetische Ursachen haben.

Mögliche Symptome:

- Schwäche
- Blasse, leicht bläuliche Schleimhäute
- Beschleunigte Atmung
- Maulatmung/Hecheln
- Husten
- Schwacher oder unregelmäßiger Puls
- Evtl. tritt schaumige Flüssigkeit aus Maul oder Nase aus
- Bewusstseinsstörungen bis komatöser Zustand

Behandlung:

1. Beruhige den Hund und halte seinen Kopf tief.
2. Wenn der Hund beim Transport liegt, bringe ihn in die rechte Seitenlage.
3. Sorge für Ruhe und vermeide jeglichen Stress. Sorge für Frischluft.
4. SOFORT zum Tierarzt oder in die Tierklinik.

HERZ-KREISLAUF-STILLSTAND – WIEDERBELEBUNG

Prüfen:

- Ist der Hund wirklich bewusstlos?
- Schlägt sein Herz nicht mehr?

Falls dein Hund keinen Puls und keine Atmung mehr zeigt und nicht mehr ansprechbar ist – muss er reanimiert werden. Dazu legst du ihn auf die rechte Seite (vom Hund aus). Die Herzdruckmassage findet somit auf der linken Seite statt.

Der Druckpunkt ist zwischen der 3. und 6. Rippe – auf Höhe des Ellbogens. Für die Wiederbelebung wird dieselbe Technik verwendet wie beim Menschen: Lege deine Hände übereinander, pumpe nun mit ausgestreckten Armen und dem Handballen ca. 2x pro Sekunde (im Rhythmus von „Stayin‘ alive“).

Ebenso muss der Hund von Mund zu Nase beatmet werden. Im Gegensatz zum Menschen findet die Beatmung nicht von Mund zu Mund, sondern von Mund zu Nase statt. Dafür musst du die Atemwege freimachen, die Zunge an einer Seite herausziehen und die Schnauze des Hundes zuhalten.

Als nächstes blase Luft in seine Nase. Beobachte am Brustkorb deines Hundes, ob sich dieser hebt. Starte mit 5 Beatmungen, dann im folgenden Rhythmus weitermachen:

Wenn du alleine bist:

- 10x Herzmassage
- 2x Beatmung

Wenn du einen Helfer hast:

- Erste Person: Herzmassage
- Zweite Person: 5–6x in die Nase blasen, dabei den Brustkorb beobachten. Ca. 20 Atemstöße pro Minute, also alle 2–3 Sekunden.

Mindestens 15 Minuten lang weitermachen!

Die Reanimation war erfolglos, wenn nach 15 Minuten

- kein Herzschlag fühlbar ist.
- keine Reflexe gezeigt werden.
- keine Spontanatmung einsetzt.
- kein Lid-/Hornhautreflex erkennbar ist.
- sich Zunge und Zahnfleisch blau färben.
- die Hornhaut am Auge und an den Schleimhäuten austrocknet.
- die Pupillen extrem geweitet sind.

Bei kleinen Tieren bis zu 5 kg musst du die Druckmassage mit einer Hand ausführen.

Das Tier auf die rechte Seite legen und deinen Daumen im Bereich zwischen dritter und sechster Rippe an der linken Brustwand positionieren. Die anderen Finger liegen unter dem Hund. Mit den Fingern leichten Druck ausüben. Durch den Druck soll sich der Brustkorb ca. um ein Drittel oder die Hälfte senken.

Die Beatmung findet wie oben beschrieben statt.

ACHTUNG: Die Wiederbelebung nie am lebenden Tier üben!

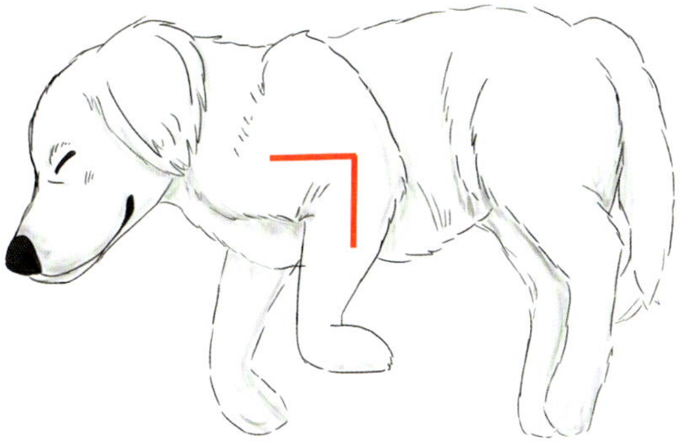

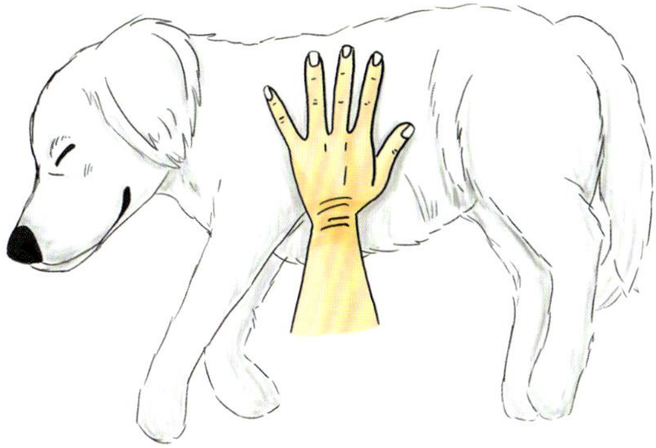

Durch das angewinkelte Bein lässt sich schnell die richtige Stelle für die Wiederbelebung finden.

Wiederbelebung bei kleineren Hunden oder Welpen.

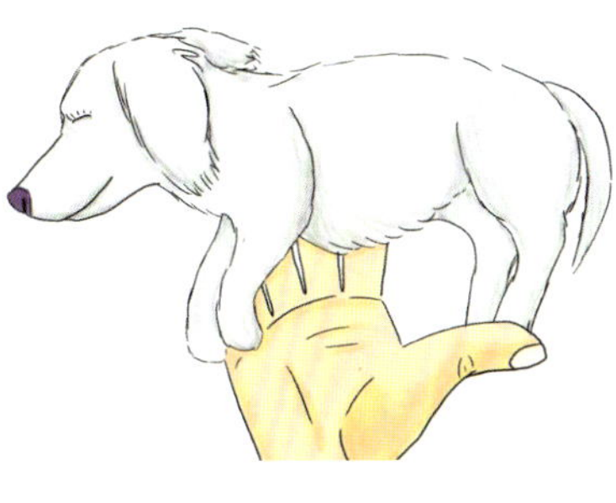

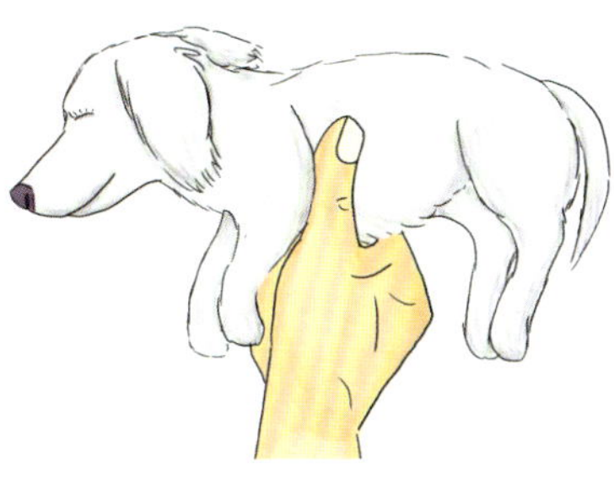

VERGIFTUNGEN

Verschiedenste Lebensmittel sind für Hunde giftig. Aus diesem Grund solltest du immer darauf achten, was du deinem Hund zu fressen gibst oder was er draußen frisst. Für Hunde sind manche Lebensmittel giftig, die für den Menschen ungefährlich sind.

Mögliche Symptome:

Vergiftungssymptome sind vielfältig und können sich je nach Gift stark unterscheiden:

- Zittern
- Schwäche
- Anfälle
- Lähmungen
- Anormale Pupillen
- Punktuelle Blutungen
- Bewusstseinsstörungen
- Koma
- Speicheln
- Erbrechen
- Durchfall
- Erhöhte Temperatur

Behandlung:

1. Weitere Giftaufnahme vermeiden.
2. Beruhige deinen Hund, wenn er unruhig ist.
3. Ggf. Schockbehandlung (s. Seite 32).
4. Bei Hautkontakt gründlich mit Wasser abwaschen.
5. Bei Autoabgasvergiftung ggf. Wiederbelebung sowie Frischluftzuführung.
6. Bei Aufnahme von Säuren/Laugen: viel Wasser geben.
7. Kohletabletten u. U. geben (s. Erklärung weiter unten).
8. Bringe, wenn möglich, immer eine Probe des aufgenommenen Gifts mit zum Tierarzt.

Bei einer Vergiftung so schnell wie möglich einen Tierarzt oder eine Tierklinik aufsuchen und keine Zeit verlieren.

Einige giftige Lebensmittel und ihre Folgen – alphabetisch:

- **Alkohol** | Erbrechen, Krampfanfälle, Atemnot
- **Avocado** (Persin) | Husten, Schwäche, Erbrechen, Durchfall, Atemnot, Herzrasen
- **Hopfen** (große Mengen) | Keuchen, Fieber, Herzrasen
- **Kakao** | Herzrhythmusstörung bis hin zu Herzstillstand
- **Knoblauch** | Hämolyse – bedeutet die Auflösung von roten Blutkörperchen
- **Koffein** | Herzrhythmusstörung, Nierenversagen, neurologische Störung
- **Nachtschattengewächse roh** (z.B. Kartoffeln) | Herzrhythmusstörung, Nierenversagen, neurologische Störung
- **Nüsse** (Macadamia, unreife Walnüsse, Schwarznüsse, Bittermandel) | Erbrechen, neurologische Ausfälle
- **Rosinen** | Nierenversagen
- **Schokolade** | Herzrhythmusstörung bis hin zu Herzstillstand
- **Schweinefleisch (roh!)** | Erkrankung des Nervensystems bis hin zum Tod
- **Steinobst (Kerne)** | Erbrechen, Durchfall, Krämpfe, Atemnot
- **Trauben** | Nierenversagen
- **Xylitol** (E 967 – Ersatzzucker) | Leberversagen, Unterzucker
- **Zwiebel** | Hämolyse

Bei vielen Lebensmitteln kommt es natürlich auf die Menge an, die der Hund zu sich nimmt, und welche Mengen der giftigen Stoffe das Lebensmittel enthält.

Beispiel Schokolade: Der Kakao in der Schokolade enthält Theobromin, das giftig für den Hund ist. Je mehr Kakao die Schokolade daher enthält, desto giftiger ist sie für deinen Hund. Die tödliche Dosis Theobromin liegt bei ca. 300 mg pro kg Körpergewicht. Als Richtwert kannst du von 150 g Vollmilchschokolade bzw. 15 g Zartbitter pro kg Körpergewicht ausgehen. Eine Rippe Schokolade ist für den Labrador daher nicht tödlich – bei einem Chihuahua können jedoch schon starke Vergiftungserscheinungen auftreten.

Schweinefleisch ist an sich nicht giftig für den Hund. Da jedoch die Möglichkeit besteht, dass in rohem Zustand ein Virus (Aujeszky-Virus bzw. Pseudowut) übertragen werden kann – der für Hunde sowie Katzen tödlich ist – sollte man dieses lieber meiden.

Andere Substanzen, die für den Hund giftig sind:

- **Autoabgase** (Kohlenmonoxid) | aufpassen in Tiefgaragen, den Hund an die frische Luft bringen, evtl. reanimieren
- **Beizmittel** (bei Saatgut)
- **Düngemittel, Pestizide** (Organophosphate, Cabermate) | Krampfanfälle | aufpassen, wenn der Hund sich nach dem Spaziergang die Pfoten ableckt
- **Frostschutzmittel** (Ethylenglykol) | Nierenversagen | Kann für den Hund süßlich schmecken. Auch hier kann der Hund die Substanz an den Pfoten haben und abschlecken.
- **Giftpflanzen**
- **Kompost** | Krampfanfälle
- **Medikamente** | große Mengen oder bestimmte Präparate
- **Motoröl, Benzin, Lösungsmittel**
- **Nicotin** | Erbrechen, Krampfanfälle
- **Putz- und Desinfektionsmittel**
- **Rattengift** (Cumarin) | Blutgerinnungsstörungen, Blutungen | bei Aufnahme von Giftködern, aber auch durch die Aufnahme von vergifteten Nagetieren
- **Säuren** (z. B. Batterien)
- **Schneckenkorn, Ungeziefer- und Insektenmittel** | Krampfanfälle

WICHTIG: Man könnte dem Hund bei einer Vergiftung auch Kohletabletten zur Überbrückung geben, bis man beim Tierarzt ankommt. Der Richtwert ist grob 1 gramm Kohletabletten pro kg Körpergewicht. Aber es ist einerseits schwierig, die Tabletten dem Hund in einer solchen Situation zu geben – da er z. B. schon würgt oder sich übergibt – und andererseits bräuchte ein Labrador an die 25 gramm Kohletabletten. Wenn eine Tablette Aktivkohle ungefähr 0,25 gramm wiegt, müsstest du ihm 100 Tabletten geben. Nutze die Zeit lieber dazu deinen Hund zum Arzt zu bringen. Kohletabletten helfen auch nicht gegen alle Gifte!

WUNDVERSORGUNG

Allgemein bewegen sich die Wunden auf einer Bandbreite von leichten Schürfwunden bis zu offen klaffenden und stark blutenden Wunden.

Kleinere Wunden können für den Laien auf den ersten Blick harmlos sein, wie z. B. geringe Bissverletzungen. Falls du die Ursache beobachten konntest, gehe dementsprechend vor. Bei Vorfällen, die du nicht gesehen hast, ist es sinnvoll, erst einmal von einem Notfall auszugehen – so können Langzeitschäden vermieden und schwere Vorfälle rechtzeitig erkannt werden.

BLUTENDE WUNDEN

Eine blutende Wunde kann viele Ursachen haben. Allgemein können Wunden folgendermaßen behandelt werden:

Wunden am Auge werden auf Seite 64 erklärt.

Behandlung:

1. Schneide/Rasiere vorsichtig ca. 1 cm um die Wunde herum die Haare weg – achte darauf, dass die Haare nicht in die Wunde kommen.
2. Entferne kleinere Fremdkörper wenn möglich mit der Pinzette.
3. Falls die Wunde sehr schmutzig ist, spüle sie vorsichtig mit lauwarmem Wasser aus.
4. Desinfiziere die Wunde.
5. Decke sie steril z. B. mit einer Mullkompresse ab und fixiere diese.

WICHTIG: Keine Salben oder Puder auf die Wunde geben.

STARK BLUTENDE WUNDEN

Falls sich die Blutung nicht stillen lässt, musst du weitere Schritte einleiten. Je nach Art der Verletzung kann es sinnvoll sein, erst einmal einen Druckverband anzulegen. Durch den Druckverband kannst du eine stark blutende Wunde schnell und provisorisch verschließen, um den Hund z. B. für einen Transport vorzubereiten.

DRUCKVERBAND

Behandlung:

1. Bedecke die Wunde z. B. mit einer sterilen Kompresse.
2. Fixiere nun die Wundabdeckung mit Mull- oder einer elastischen Binde und umwickle diese zweimal.
3. Lege nun ein Druckpolster (z. B. geschlossene Mullbinde, verpackte Binde, ungeöffnetes Verbandspäckchen, zur Not ein Päckchen Taschentücher) auf den Wundbereich und fixiere dieses mit der Binde fest auf der Wunde.
4. Falls nötig, bringe einen zweiten Druckverband auf dem ersten an.
5. Lagere die verletzte Stelle hoch und beobachte deinen Hund wegen eventueller Schockgefahr (s. Seite 32).
6. Suche dann sofort eine/n Tierarzt/-klinik auf.

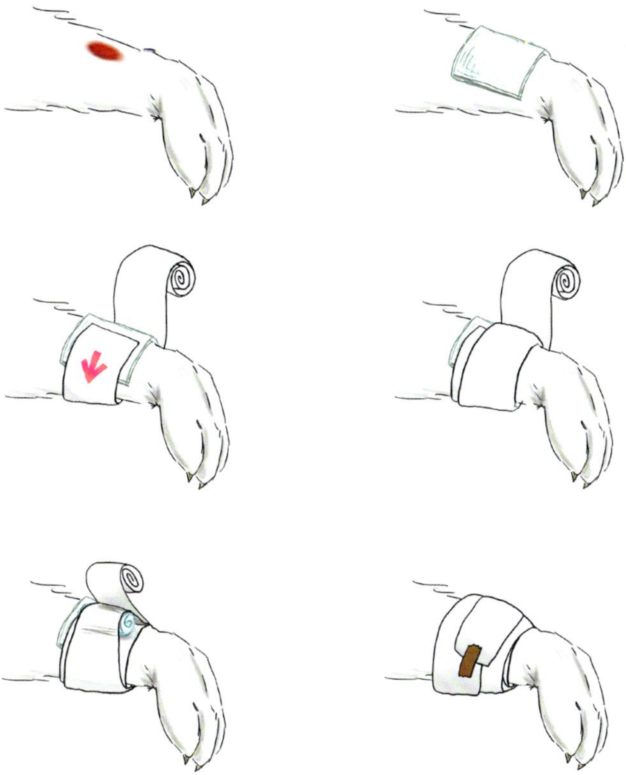

*Das Wichtigste beim Druckverband ist,
genügend Druck auf die Wunde zu bringen,
ohne gleichzeitig den Blutfluss abzuschnüren.*

KÖRPERTEIL ABBINDEN

Da zu großer Blutverlust schnell zu einem Schock (s. Seite 32) führen kann, muss der Verband gut beobachtet werden. Wenn die Blutung trotz korrekter Fixierung des Druckverbandes nicht zu stoppen ist, kann es unter Umständen nötig sein, das Körperteil abzubinden. Ein Körperteil darf nur im absoluten Notfall abgebunden werden.

Behandlung:

1. Lege die Stelle zum Abbinden fest (s. Abbildung).
2. Binde das Körperteil mit einer Schnur, einem dicken Faden, einer Krawatte, einem Nylonstrumpf, einem Schnürsenkel, oder was du gerade zur Hand hast über dem Gelenk ab.
3. Bei weiterem Blutverlust musst du fester abbinden.
4. WICHTIG: Ein Körperteil darf nie länger als 10 Minuten abgebunden sein.
5. Falls es länger nötig ist, öffne die Abbindung kurz und binde die Stelle dann erneut ab.
6. Sofort Tierarzt/-klinik aufsuchen.

Mögliche Stellen zum Abbinden:
- Oberhalb: Pfote, Ellenbogen, Sprunggelenk, Oberschenkel
- Oberer Schulterbereich
- Rute

ACHTUNG: Bei falscher Anwendung können Körperteile absterben oder andere Langzeitschäden entstehen.

BISSVERLETZUNG

Jegliche Bissverletzungen (auch von Katzen) dürfen auf keinen Fall unterschätzt werden. Da die Zähne von Hunden lang sind, betreffen die Bisse meist tiefere Strukturen (Muskeln, Organe etc.). Daher sollten Bissverletzungen immer von einem Tierarzt begutachtet werden.

Es besteht bei Bisswunden immer ein Infektionsrisiko und auch durch kleine Wunden kann sich, selbst nach einigen Wochen, aufgrund der eingebrachten Bakterien eine starke Infektion entwickeln. Besonders gefährlich sind Verletzungen am Brustkorb. Schon kleine punktuelle Löcher durch die Fangzähne können die Lunge oder andere Organe zum Kollabieren bringen.

Behandlung:

1. Kleine Verletzungen (s. Seite 41).
2. Größere Verletzung | starke Blutung (s. Seite 45).
3. Tierarzt/-klinik aufsuchen.

WICHTIG: Falls du nach einer Beißerei nicht direkt zum Tierarzt gehen kannst, beobachte deinen Hund in den nächsten Tagen genau. Verheilt die Wunde nicht oder ist sie noch nach Tagen geschwollen, rot oder eitrig, hat dein Hund Fieber oder geschwollene Lymphknoten? Dann suche sofort einen Tierarzt oder die Klinik auf.

PFÄHLUNGSVERLETZUNG

Unter einer Pfählungsverletzung versteht man das Einrammen von (spitzen) Gegenständen in den Körper. Pfählungsverletzungen können durch verschiedene Gegenstände entstehen wie Stöcke, Eisenstangen, Hölzer etc.

Entferne niemals den Fremdkörper, da dieser die Wunde abdichtet. Sobald der Gegenstand entfernt wird, besteht akute Verblutungsgefahr und es können starke innere Schäden entstehen.

Behandlung:

1. Gegenstand/Fremdkörper – auch wenn er in Mund oder Kehle steckt – auf gar keinen Fall entfernen oder herausziehen.
2. Versuche den Hund zu beruhigen und suche schnellstmöglich eine/n Tierarzt/-klinik auf.

WICHTIG: Wir empfehlen auf Stöckchenwerfen zu verzichten, da der Hund sich beim hektischen Aufnehmen des Stocks diesen in den Rachen rammen kann.

SCHUSSVERLETZUNG

Schussverletzungen entstehen meist durch Jäger. Eine Schussverletzung ist sehr schlecht einschätzbar – da die Kugel schwere innere Verletzungen verursachen kann. Häufig ist dabei ein stark blutendes Einschussloch sichtbar, welches je nach Munition variieren kann. Je nach Wundgröße kann das Blut auch stark spritzend austreten.

Behandlung:

1. Untersuche, ob es eine Austrittswunde der Kugel gibt.
2. Versuche die Blutung durch Druck von außen zu stoppen (s. auch Wundversorgung, Seite 41).
3. Bringe einen Druckverband an (s. Seite 42).
4. Wenn die Blutung nicht zu stoppen ist - abbinden (s. Seite 46).

5. Transportiere deinen Hund wegen möglicher Wirbelverletzungen sehr vorsichtig.
6. Suche schnellstmöglich eine/n Tierarzt/-klinik auf.

ACHTUNG: Bei einer Einschusswunde im Brustkorb muss die Wunde luftdicht verschlossen werden – da sonst Luft zwischen Lunge und Brustkorb gesogen werden kann. Dies könnte zu einem Zusammenfallen der Lunge (Kollaps) führen.

Brustkorbbehandlung

1. Versuche die Blutung, wie oben beschrieben, durch Druck zu stoppen, lege aber zusätzlich zuerst ein feuchtes Tuch auf die Wunde.
2. Verbinde die Stelle und lege den Hund auf die verletzte Seite.

PFOTENVERLETZUNG

Hunde können sich schnell an den Pfoten verletzen. Dies kann von einfachen Schnittverletzungen bis zum Krallenabriss gehen. Da der Hund oft weiterhin die Pfote belastet, kann es hier bei einer Nichtbehandlung schnell zu Infektionen kommen. Ebenso besteht die Gefahr von hohem Blutverlust bei tieferen Wunden.

Mögliche Symptome:

- Humpeln
- Lautäußerung
- Pfote lecken
- Schonen einer Pfote

Je nach Verletzung an der Pfote musst du nachfolgende Dinge beachten:

SCHNITT AN DER PFOTE

Ein Schnitt kann wie eine normal blutende Wunde behandelt werden. Zusätzlich muss aber ein Pfotenverband angelegt werden.

Behandlung:

1. Säubere und desinfiziere die Wunde (s. Seite 41).
2. Lege dann eine sterile Wundauflage auf die Wunde.
3. Schneide Watte oder polsterndes Material in Streifen und polstere besonders den Zwischenzehenbereich gut aus. | Die Wolfskralle/der Daumen darf nicht vergessen werden.
4. Umwickle nun mit Verbandsmull und einer elastischen Binde (= kohäsives Fixierband) die Pfote bis über das Sprunggelenk.
5. Am besten wickelst du ein Gelenk höher ein, um das Rutschen des Verbands zu vermeiden.
6. Eine zusätzliche Schicht aus kohäsivem Fixierband (meist farbig und selbstklebend) kann sinnvoll sein.
7. Mit Pflasterstreifen kannst du den Verband oben am Fell fixieren.

WICHTIG: Der Verband sollte nicht nass werden – eine Tüte oder ein Einmalhandschuh können ihn zusätzlich schützen.

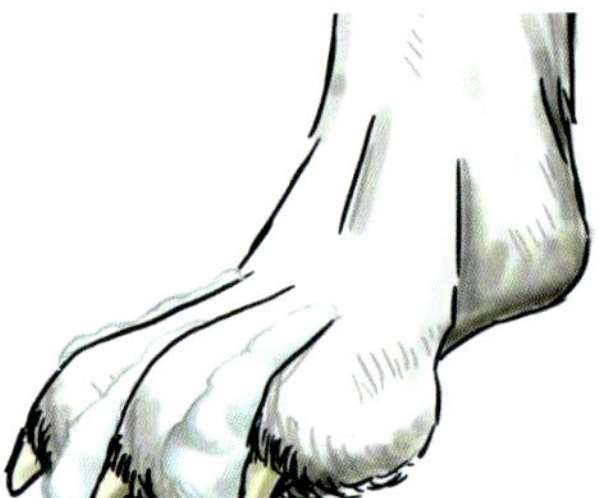

Eine Polsterung zwischen den Zehen ist bei einem Pfotenverband sehr wichtig – zur Not auch mit Taschentüchern.

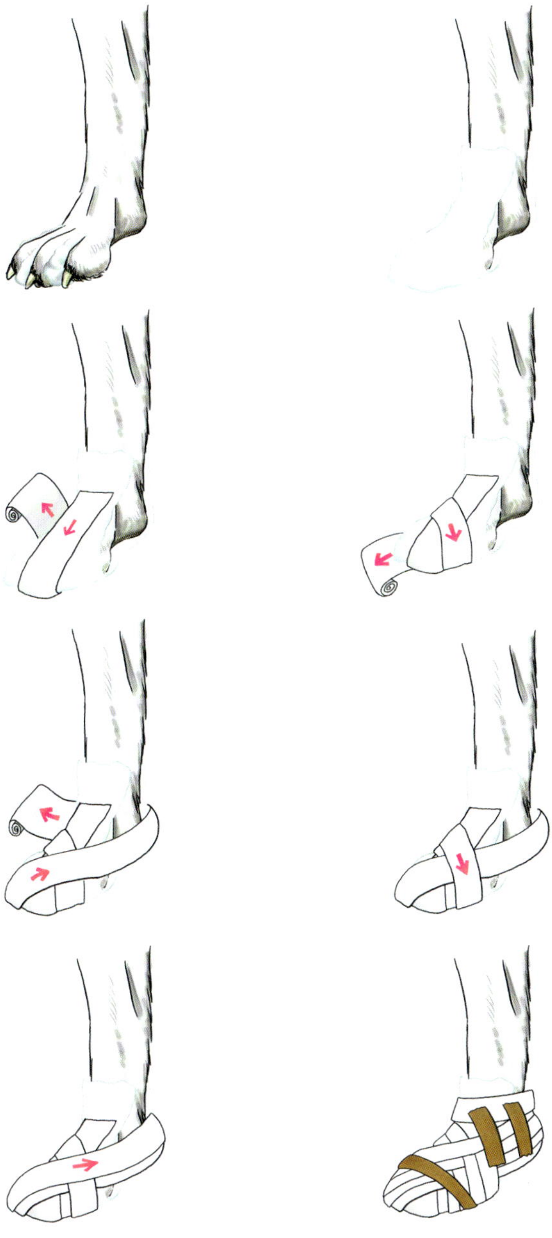

Schrittweises Anlegen eines Pfotenverbandes.

KRALLENVERLETZUNG

Es gibt viele Arten von Krallenverletzungen. Da die Krallen des Hundes durchblutet und mit Nerven durchzogen sind, können diese Verletzungen sehr schmerzhaft für den Hund sein und mit starken Blutungen einhergehen.

Mögliche Symptome:

- Kralle ausgerissen
- Kralle eingerissen oder gespalten
- Blutige Pfoten
- Hund leckt an den Pfoten
- Humpeln

Behandlung:

1. Wunde säubern und desinfizieren etc. (s. Seite 41).
2. Pfotenverband anlegen (s. Seite 47).

WICHTIG: Krallenverletzungen können schlimmstenfalls bis ins Krallenbett vordringen. Dies ist für den Laien oft schwer zu beurteilen. Ebenso können Keime in den Fuß gelangen, die schwerwiegende Infektionen auslösen. Ein Besuch beim Tierarzt für einen professionellen Blick ist daher durchaus sinnvoll.

PFOTENVERBRENNUNG

Da der Hund immer barfuß läuft, kann im Sommer ein heißer Untergrund schnell dazu führen, dass sich der Hund die Pfoten verbrennt. Das ist nicht nur schmerzhaft, sondern birgt auch ein hohes Infektionsrisiko für den Hund.

Mögliche Symptome:

- Aufgeplatzte Haut am Ballen
- Rote Ballen
- Humpeln
- Lecken
- Der Hund versucht vom Asphalt auf die Wiese zu wechseln, z. B. durch starkes Ziehen an der Leine

Behandlung:

1. Wie im Kapitel Verbrennung – Hitze (s. Seite 56).
2. Pfotenverband (s. Seite 48).

WICHTIG: Mach bei sonnigem Wetter einen kurzen Hitzetest. Lege deinen Handrücken für ca. 7 Sekunden auf den warmen Asphalt. Wenn die Haut schmerzt, ist der Boden zu heiß. Daher am besten im Gras oder Schatten laufen.

DURCHFALL UND ERBRECHEN

Dein Hund kann aus vielen Gründen einmal Durchfall haben oder erbrechen. Das muss im ersten Moment kein Grund zur Sorge sein. Meist hilft es schon, ihm nach einer Fastenperiode von 24 Stunden Schonkost (z.B. Reis, gegartes Hühnchen und Hüttenkäse) in kleinen Portionen über den Tag hinweg zu verfüttern. Aber beachte – Schonkost ist auf Dauer nicht bedarfsdeckend! Stell ihm ausreichend Flüssigkeit zur Verfügung, um ein Austrocknen durch zu hohen Flüssigkeitsverlust zu verhindern. (Welpen und ältere Hunde sind eher gefährdet als erwachsene Hunde.) Es ist bereits ein gutes Zeichen, wenn dein Hund frisst oder trinkt. Sollte er unter Unruhe oder Bauchschmerzen leiden und das Erbrechen nach 24 Stunden noch nicht vorbei sein – suche bitte unbedingt einen Tierarzt auf.

Bei folgenden **Symptomen** sollte man unbedingt einen Tierarzt aufsuchen:

- Bei mehrfachem Erbrechen, ständigem Würgen oder Röcheln (> 24 Stunden)
- Bei häufigem Durchfall (> 24 Stunden)
- Falls Blut im Erbrochenen oder Durchfall zu finden ist
- Wenn sich der Allgemeinzustand (Kreislauf, Fieber etc.) verschlechtert

Falls es dir möglich ist, nimm eine Kotprobe mit zum Tierarzt. Sollte der Hund z. B. Gift oder etwas Undefinierbares gefressen haben, nimm auch davon, wenn möglich, eine Probe mit zum Tierarzt.

ACHTUNG: Der Hund zeigt (Begleit)symptome des Erbrechens (Würgen, Röcheln, Husten) auch, wenn er einen Fremdkörper verschluckt hat. Sollte er einen Fremdkörper verschluckt haben, der nicht von dir entfernt werden kann (s. Erstickungsanfälle, Seite 66), füttere wenn möglich z.B. Sauerkraut und bringe ihn dann sofort zum Tierarzt. Sollte dein Hund Lauge oder Gift zu sich genommen haben, versuche nicht, ihn aktiv zum Erbrechen zu bringen, da das Gift dann nochmals den Weg durch den Rachenraum nimmt.

MAGENDREHUNG

Bei einer Magendrehung dreht sich der Magen um seine eigene Achse. Das führt dazu, dass der Ein- und Ausgang des Magens (Speiseröhre und Darm) sowie blutversorgende Gefäße abgeschnürt werden.

Eine Magendrehung kommt überwiegend bei größeren und älteren Hunden vor – dazu häufig nachts. Weitere Faktoren, die die Wahrscheinlichkeit für eine Magendrehung erhöhen, sind Aufregung sowie Spielen vor und nach dem Fressen.

Mögliche Symptome:

- Hund versucht zu erbrechen – ohne Erfolg
- Starkes Würgen
- Bauch gast auf, weitet sich und fühlt sich hart an
- Aufgekrümmter Rücken
- Unruhiges Verhalten
- Hecheln
- Speicheln
- Kein Kotabsetzen möglich
- Schock
- Kollaps

Sobald du vermutest, dass dein Hund eine Magendrehung hat, musst du sofort den Tierarzt kontaktieren. Es zählt wirklich jede Minute. Dein Hund braucht eine Not-OP!

WICHTIG: Kläre telefonisch ab, ob der Tierarzt oder die Klinik die notwendige OP durchführen kann. Der Arzt wird dann bereits alles für die OP vorbereiten, während du auf dem Weg in die Klinik bist.

HITZSCHLAG – SONNENSTICH

Unter einem Hitzschlag versteht man die gesamte Überhitzung des Körpers. Da Hunde ihre Körpertemperatur größtenteils über das Hecheln regulieren, sind sie überaus anfällig für einen Hitzschlag. Hierzu ist auch nicht unbedingt eine direkte Sonneneinstrahlung nötig – hohe Temperaturen an einem Ort können für einen Hitzschlag genügen (z. B. im Auto). Ebenso kann zu wenig Flüssigkeit an heißen Tagen schnell zu einem Hitzschlag führen. Kurzschnäuzige oder rundköpfige Rassen (z. B Mops, Französische Bulldoge etc.) sind besonders anfällig. Unter einem Sonnenstich versteht man die direkte Sonneneinstrahlung auf den Hundekopf/-nacken und die Überhitzung des Schädels/Gehirns.

Mögliche Symptome:

- Extremes Hecheln
- Unruhe
- Schwäche
- Rötung der Schleimhäute/Zunge
- Erhöhter Puls
- Möglicherweise erhöhte Temperatur
- Bewusstseinsstörung/-verlust
- Gleichgewichtsstörung | taumelnder Gang
- Hund ist nicht mehr ansprechbar
- Kollaps

Behandlung:

1. Bringe den Hund an einen kühlen Ort bzw. an die frische Luft.
2. Kühle ihn langsam mit feuchten Tüchern (nicht zu kalt) ab. Beginne dafür bei den Pfoten, dann langsam weiter Richtung Oberkörper.
3. Lege kühle/feuchte Tücher, Handtücher oder Kompressen auf den Hundekörper.
4. Falls vorhanden, kannst du auch selbstaktivierende Kühlpacks/ Kompressen auflegen.

5. Biete ihm Wasser zum Trinken an. | Nicht einflößen, nur anbieten.
6. Evtl. vorsichtig kühl abduschen. Immer an den Beinen anfangen und nicht zu kaltes Wasser nehmen.

ACHTUNG: Kein Wasser über den Hund schütten – Schockgefahr!

Wenn nach 15 Minuten keine Besserung eintritt, bringe den Hund zur Sicherheit zum Tierarzt. Es besteht akute Lebensgefahr.

TIPP: Achte bei längeren Wanderungen auf genügend Schatten. Die Sonne wandert zügig. Gleiches gilt für lange Autofahrten, das Auto lädt sich schnell mit Hitze auf.

Lass deinen Hund, wenn es warm ist, nicht allein im Auto. Folgende Tabelle zeigt dir, wie schnell die Temperaturen lebensgefährlich für deinen Hund werden können:

Außen-temperatur	Innentemperatur nach:			
	10 Min.	30 Min.	60 Min.	
20 °	27 °	36 °	46 °	LEBENSGEFAHR
22 °	29 °	38 °	48 °	
24 °	31 °	40 °	50 °	
26 °	33 °	42 °	52 °	
28 °	35 °	44 °	54 °	
30 °	37 °	46 °	56 °	
32 °	39 °	48 °	58 °	
34 °	41 °	50 °	60 °	
36 °	43°	52 °	62 °	
38 °	45 °	54 °	64 °	
40 °	47 °	56 °	66 °	

VERBRENNUNGEN (HITZE, STROM, CHEMISCH)

Verbrennungen können durch thermische, elektrische oder chemische Prozesse entstehen. Thermische Verbrennungen entstehen durch starke Hitzeeinwirkung (heiße Flüssigkeiten oder Oberflächen, offenes Feuer, Kerzen sowie Bratfett, Grill, Backofen und vieles mehr). Verbrennungen durch Stromschläge entstehen durch den direkten Kontakt mit Stromquellen (Anknabbern von Kabeln, Lecken an Steckdosen etc.). Chemische Verbrennungen kommen durch Kontakt mit ätzenden Flüssigkeiten vor. Jede Verbrennung muss individuell behandelt werden.

THERMISCHE VERBRENNUNGEN – HITZE

Mögliche Symptome:

- Blasen auf der Haut
- Rotfärbung der Haut
- Ablösung von Haut oder Fell
- Schwarze oder verkohlte Haut

Behandlung:

1. Spüle die Verbrennung 15–20 Minuten lang mit sauberem, kaltem Wasser ab (< 20 °C). | Mach dabei immer wieder kurze Pausen.
2. Falls vorhanden, lege selbstaktivierende Coolpacks oder Eiswürfel in einem Tuch auf.
3. Vermeide, dass dein Hund an der Wunde leckt.
4. Bei großflächigen Verbrennungen kannst du auch eine Goldfolie aus dem Erste-Hilfe-Set benutzen. Sie kann gegen Unterkühlung bzw. Überhitzung helfen.
5. Offene Stellen mit sterilen Kompressen oder Wundabdeckungen schützen.

WICHTIG: Brandblasen nicht öffnen und keine Brandsalben sowie kein Öl, Fett, Mehl oder andere gut gemeinte Hausmittel auftragen!

Thermische Verbrennungen sind ein Einfallstor für Keime und können zu großflächigen Infektionen führen. Ein Besuch bei einem Tierarzt auch nach einer kleineren Verbrennung ist daher sehr zu empfehlen, um Folgeschäden zu vermeiden. Bei starken und größeren Verbrennungen musst du unbedingt einen Tierarzt aufsuchen.

Die häufigste Verbrennung bei Hunden entsteht an den Pfoten durch Laufen auf zu heißem Asphalt (s. Pfotenverbrennung, Seite 51).

ELEKTRISCHE VERBRENNUNGEN – STROMSCHLAG

Mögliche Symptome:

- Zittern
- Krämpfe
- Verbrennungen
- Schockzustand
- Herzstillstand

Behandlung:

1. Sollte der Hund noch mit der Stromquelle verbunden sein, stelle diese ab oder unterbreche den Kontakt mit einem nicht leitenden Material (z. B. einem Holzstuhl).
2. Kühle die verbrannte Stelle.
3. Leite, wenn nötig, die Schock- oder Wiederbelebungsmaßnahmen (s. Seite 32 oder Seite 35) ein.

Bei einem heftigen Stromschlag besteht die Gefahr für deinen Hund, einen Schock zu erleiden, eine Herzrhythmusstörung zu bekommen oder in den nächsten 48 Stunden ein Lungenödem zu entwickeln. Es ist daher unerlässlich, sofort zu einem Tierarzt zu gehen.

WICHTIG: Weidezäune sind häufig ungefährlich – solange der Hund nicht komplett durchnässt ist (z. B. bei Regen).

CHEMISCHE VERBRENNUNGEN – VERÄTZUNG

Mögliche Symptome:

- Blasen auf der Haut
- Rötliche Haut / Rotfärbung der Haut
- Ablösung von Haut oder Fell

Behandlung:

1. Spüle die Kontaktstelle mit reichlich Wasser aus.
2. Benutze evtl. ein pH-neutrales Shampoo zum Ausspülen.

Da es für einen Laien unglaublich schwer ist, die Situation einzuschätzen, nimm, wenn möglich, eine Probe (Flasche, Etikett etc.) der Chemikalie mit zum Tierarzt.

KÄLTESCHOCK – UNTERKÜHLUNG

Eine Unterkühlung bei Hunden tritt meist ein, wenn der Hund in ein kaltes Gewässer fällt und sich nicht gleich wieder befreien kann. Ebenso kann übermäßiges Schnee- oder Eisfressen zu einer Unterkühlung führen.

Bei Hunden mit sehr dünnem oder wenig Fell ist es auch möglich, dass sie sich an der kalten Luft unterkühlen.

Mögliche Symptome:

- Übermäßiges Zittern
- Bläuliche Mundschleimhaut
- Kalte Pfoten
- Niedriger Puls
- Flache Atmung
- Schock (s. Seite 32)
- Erfrierungen (Ohren, Nase, Pfoten, Schwanzspitze, Hoden) | kalte, blaue oder rote Färbung sowie mögliche Schwellung

Behandlung:

1. Puls – Atmung – Kreislauf prüfen.
2. Falls nötig, musst du deinen Hund wiederbeleben (s. Seite 35).
3. Den Hund, wenn möglich, ins Trockene bringen. | Abtrocknen.
4. In eine Decke einwickeln. | Vorsichtig rubbeln.
5. Du kannst – wenn vorhanden – Erfrierungen mit Fettcreme (Vaseline) einschmieren.
6. Biete dem Hund lauwarmes Wasser zum Trinken an.
7. Miss immer wieder seine Körpertemperatur.

WICHTIG: Langsam Wärme zuführen, um einen möglichen Schock zu vermeiden! Daher nicht direkt neben den Ofen oder eine Heizung legen, eventuell vorsichtig mit dem Fön wärmen.

Du kannst, wenn vorhanden, eine warme – nicht heiße – Wärmflasche oder ein aufgewärmtes Kirschkernkissen unter die Decke legen. Sobald der Hund stabil ist, solltest du ihn schnell zu einem Tierarzt bringen, um etwaige unerkannte Folgeschäden zu vermeiden.

EPILEPTISCHER ANFALL

Epileptische Anfälle können viele Ursachen haben und auch bei jedem Hund auftreten. Ein epileptischer Anfall ist eine kurzzeitige Funktionsstörung im Gehirn, bei der sich die Nervenzellen auf einmal und exzessiv entladen. Ein Anfall kann zwischen wenigen Sekunden und ca. 5 Minuten andauern.

Mögliche Symptome:

- Starkes Krampfen
- Ruderbewegungen mit den Gliedmaßen
- Zuckungen (im Gesicht)
- Hund ist nicht ansprechbar
- Eventuell Bewusstlosigkeit
- Unkontrolliertes Verhalten (z.B. Urin- und/oder Kotabsatz, Kaubewegungen, sogenanntes Fliegenschnappen)
- Speicheln
- Schaum vorm Mund
- Aufhorchen, Weglaufen, Unruhe

Behandlung:

1. Halte deinen Hund nicht fest, während er einen Anfall hat.
2. Sichere die Umgebung, indem du z.B. Gegenstände aus der Nähe entfernst, damit er sich bei unkontrolliertem Verhalten nicht verletzt.
3. Kontrolliere die Zeit des Anfalls – Zeit stoppen.
4. Nach jedem Anfall sollte der Hund zur Sicherheit und Klärung zum Tierarzt.
5. Falls der Anfall nicht aufhört, fahr unbedingt mit dem krampfenden Hund zum Tierarzt.

WICHTIG: Leichtere Anfälle zeigen sich durch abgeschwächte Symptome, wie Zuckungen im Gesicht oder das sogenannte „Fliegenschnappen“. Nach einem epileptischen Anfall ist der Hund meist geschwächt und braucht Ruhe.

INSEKTENSTICH

Für den Hund sind die meisten Insektenstiche harmlos und verheilen ohne weiteres von selbst. Es können aber z. B bei Bienen- oder Wespenstichen allergische Reaktionen auftreten. Ebenso kann ein Stich im Maul- und Rachenbereich zu Erstickungen führen.

ALLGEMEINER STICH

Mögliche Symptome:

- Lautäußerung (Jaulen, Fiepsen)
- Intensives Lecken einer Stelle
- Humpeln oder Schonen einer Pfote
- Einstichstelle sichtbar
- Schwellung an der Einstichstelle
- Rötung

Behandlung:

1. Falls das Insekt noch feststeckt, entferne es mit einer Pinzette.
2. Wenn der Stachel sichtbar ist, entferne diesen vorsichtig. | Achte darauf, etwaige Giftbeutel nicht zu zerdrücken.
3. Kühle die Stelle (Wasser, feuchte Tücher, selbstaktivierender Coolpack).
4. Bei harmlosen Stichen kannst du Hausmittel verwenden, z. B. Essig auftragen.
5. Halte deinen Hund davon ab, an der Stelle zu kratzen oder zu lecken.

WICHTIG: Zwiebelsaft kann als Hausmittel aufgetragen werden, ist aber für den Hund giftig. Der Stich sollte deswegen so abgedeckt sein, dass der Hund den Zwiebelsaft nicht ablecken kann.

ALLERGISCHE REAKTION NACH INSEKTENSTICH

Mögliche Symptome:

- Anschwellen der betroffenen Stelle. | Auch die umliegenden Stellen können anschwellen.
- Nesselsucht, „Bläschen“, rote Punkte am Körper
- Schwellung an der Einstichstelle
- Apathischer Zustand
- Flache Atmung
- Blasse Schleimhäute (KFZ > 2sek)
- Kreislaufprobleme (s. Seite 34)
- Erbrechen
- Durchfall
- Schluckstörungen
- Atemnot
- Bewusstlosigkeit
- Schock
- Herz- oder Atemstillstand

Behandlung:

1. Untersuche, ob der Stachel noch steckt – entferne ihn vorsichtig.
2. Halte deinen Hund vom Kratzen und Lecken der Stelle ab.
3. Schockbehandlung (s. Seite 32).
4. Wiederbelebung (s. Seite 35).

Falls der Hund eine allergische Reaktion zeigt, bring ihn so schnell wie möglich zum Tierarzt. Als medizinischer Laie kannst du hier keine genaue Analyse der Situation machen und eine allergische Reaktion darf auf keinen Fall unterschätzt werden.

STICH IM MAUL- UND RACHENBEREICH

Mögliche Symptome:

- Würgen
- Röcheln
- Husten
- Erstickungssymptome
- Bewusstlosigkeit

Behandlung:

1. Untersuche, ob der Stachel noch steckt – entferne ihn vorsichtig.
2. Stelle deinem Hund kühles Wasser zum Trinken zur Verfügung.
3. Lege Eis auf die Einstichstelle oder gib deinem Hund Eis zum Lutschen. Auch Speiseeis oder kühler Naturjoghurt ist möglich und tut den meisten Hunden gut, besonders wenn die Einstichstelle im Maul- oder Rachenbereich ist.
4. Den Halsbereich auch von außen kühlen (feuchte Tücher, selbstaktivierender Coolpack etc.).
5. Wiederbelebung (s. Seite 35).

Durch das Anschwellen der Einstichstelle besteht Erstickungsgefahr. Der Hund muss schnellstens zum Tierarzt, um antiallergene Mittel zu bekommen oder notfalls operiert zu werden.

AUGENVERLETZUNGEN

Augenverletzungen (inklusive Lidverletzung) sollten immer möglichst schnell von einem Tierarzt untersucht werden.

Mögliche Symptome:

- Tränendes Auge
- Zukneifen
- Starkes Blinzeln
- Gerötetes oder geschwollenes Auge
- Hervortretendes Auge
- Asymmetrie

Behandlung:

1. Halte deinen Hund ruhig und verhindere Kratzen.
2. Lose Fremdkörper oder Verätzungen kannst du vorsichtig mit klarem, warmem Wasser ausspülen.
3. Nach dem Ausspülen beobachte, ob sich das Auge wieder beruhigt. Bei nicht auftretender Linderung oder feststeckendem Fremdkörper sowie sichtbaren Verletzungen suche umgehend den Tierarzt auf.
4. Sollte ein Fremdkörper im Auge feststecken, auf gar keinen Fall selber entfernen.
5. Halte das Auge während des Transports zum Tierarzt z. B. mit einem Tuch feucht.

ACHTUNG: Nur sauberes Wasser verwenden – kein Desinfektionsmittel, Tee, Saft etc.!

Bulbus prolaps:_Bei dem Heraustreten des Augapfels ist der Augapfel aus der Höhle herausgefallen. Der Hund muss sofort zum Tierarzt, um Folgeschäden, wie z. B. Blindheit, zu verhindern. Drücke während des Transports vorsichtig ein feuchtes Tuch oder eine Kompresse auf das Auge, um Austrocknung zu verhindern und den Hund ruhig zu halten.

ERTRINKEN – BADEUNFÄLLE

Falls dein Hund einen Badeunfall hatte – also zu lange unter Wasser war und sich seine Lunge mit Wasser gefüllt hat – musst du schnell handeln. Jede Sekunde kann hier Langzeitschäden vermeiden.

Mögliche Symptome:

- Keine Reaktion
- Keine Atmung
- Kein Herzschlag
- Blaue Schleimhäute
- Leblos – scheintot

Behandlung:

1. Ziehe deinen Hund schnellstmöglich aus dem Wasser.
2. Um das Wasser aus der Lunge zu bekommen, solltest du ihn an den Hinterbeinen bzw. am hinteren Teil des Körpers hochheben, damit das Wasser aus dem Maul laufen kann.
3. Schwinge deinen Hund nun vorsichtig hin und her, so lange bis kein Wasser mehr aus dem Maul kommt – zur Sicherheit aber 15 bis 30 Sekunden.
4. Falls du trotz des ausgespuckten Wassers keine Reaktion bemerkst – leite die Wiederbelebung ein (s. Seite 35).
5. Falls du eine Reaktion siehst oder deinen Hund erfolgreich wiederbelebt hast, rubble ihn vorsichtig trocken und bringe ihn warm eingepackt zum Tierarzt.
6. Behalte den Hund aufgrund von akuter Schockgefahr (s. Schock, Seite 32) gut im Auge und stelle dich auf eine mögliche (wiederholte) Wiederbelebungsmaßnahme ein.

ERSTICKUNGSANFÄLLE

Erstickungsanfälle entstehen, wenn die Atemwege des Hundes mit einem Fremdkörper verschlossen sind. Dadurch bekommt der Hund wenig bis gar keine Luft. Der Hund ist in akuter Lebensgefahr und es muss schnellstmöglich gehandelt werden.

Mögliche Symptome:

- Röcheln
- Husten
- Atemnot
- Keine erkennbare Atmung
- Bewusstlosigkeit
- Blaue Schleimhäute

Behandlung:

1. Kontrolliere den Mund- und Rachenraum des Hundes auf Fremdkörpern (u. U. Taschenlampe zu Hilfe nehmen).
2. Versuche den Fremdkörper über das Maul mit der Hand zu entfernen.
3. Der Mund kann auch mit zwei Schlaufen über Unter- und Oberkiefer aufgehalten werden, um einen Beißunfall zu vermeiden.
4. Klopfe, wenn nötig, zwischen seine Schulterblätter, um den feststeckenden Fremdkörper zu lösen.
5. Handelt es sich um einen kleinen bis mittelgroßen Hund, kannst du versuchen, ihn an den Hinterläufen hochzuheben und vorsichtig nach unten zu schütteln. | Große Hunde kann man hinter dem Brustkorb hochheben und den Oberkörper nach unten schütteln.
6. Prüfe, ob der Fremdkörper herausgefallen oder erreichbar ist.
7. Bei Misserfolg und Atemstillstand – also nur im absoluten Notfall – kannst du den sogenannten Heimlichgriff anwenden (s. Abbildung Seite 67).
8. Bringe den Hund nach Anwendung des Heimlichgriffs schnellstmöglich zum Tierarzt, da hierbei schwere innere Schäden entstanden sein könnten.

1. *Von hinten über den Hund beugen*
2. *Den Hund von beiden Seite umfassen*
3. *Den Druckpunkt kurz hinter dem Brustbein suchen*
4. *Hundekopf nach unten positionieren – Hinterteil hochheben*
5. *Ruckartig festen Druck ausüben*
6. *Prüfen, ob sich der Fremdkörper gelockert hat*

ACHTUNG: Den Heimlichgriff niemals am gesunden Hund üben! Nur anwenden, wenn die Luftröhre komplett verschlossen ist.

ZUSATZ

NOTFALLKÄRTCHEN

In die folgende Vorlage kannst du dir die wichtigsten Nummern eintragen, damit du sie bei einem Notfall immer zur Hand hast. Kopiere dir das Kärtchen, schneide es aus und falte es in der Mitte. So passt es gut in deinen Geldbeutel.

Notfallkärtchen

Tierarzt Tel. ______________________________

Adresse ______________________________

Tierklinik Tel. ______________________________

Adresse ______________________________

Giftnotruf ______________________________

Tierrettung ______________________________

Vitalparameter

Körpertemperatur ______________________

Atemfrequenz ______________________

Herzfrequenz ______________________

Schleimhaut ______KFZ < 2 Sek.______

NOTIZEN

Erste-Hilfe-Seminar

Hast du Interesse an einem praktischen Kurs, bei dem du auch individuelle Fragen zu deinem Hund stellen kannst?

Dann melde dich zu unserem (online) Erste-Hilfe-Seminar

unter www.freude-am-hund.info an.